治家格言

国学经典诵读丛书

[明] 朱柏庐◎原著
焦金鹏◎主编

图书在版编目（CIP）数据

治家格言 / 焦金鹏主编 . -- 南昌 : 二十一世纪出版社，2015. 1（2015.6 重印）
（国学经典诵读丛书）
ISBN 978-7-5568-0485-6

Ⅰ . ①治… Ⅱ . ①焦… Ⅲ . ①家庭道德－中国－清代－少儿读物 Ⅳ . ① B823.1-49

中国版本图书馆 CIP 数据核字 (2014) 第 311352 号

新浪微博：@二十一世纪出版社官方

治家格言 焦金鹏 主编

责任编辑	张 宇
出版发行	二十一世纪出版社
	（江西省南昌市子安路75号 330009）
	www.21cccc.com cc21@163.net
出 版 人	张秋林
经 销	新华书店
印 刷	北京华平博印刷有限公司
版 次	2015年3月第1版 2015年6月第2次印刷
开 本	787mm × 1092mm 1/16
印 张	6
字 数	80千
书 号	ISBN 978-7-5568-0485-6
定 价	12.80元

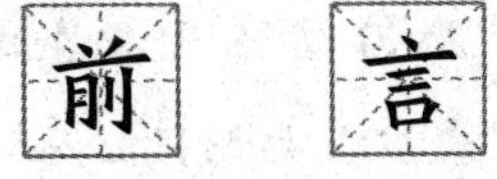

前言

焦金鹏

《三字经》《百家姓》《千字文》《论语》《弟子规》《老子》《庄子》《增广贤文》等作为国学蒙学经典，凝聚了我国数千年传统文化的精华，体现了中华民族博大精深的文化精髓。这些蒙学经典作品既包含了丰富的天文地理、历史文化知识和治国理政的社会管理知识，也包含了道德伦理、修身养性的知识。从儿童学习的特点来看，蒙学经典非常切合孩子学习的特点，可诵可读，朗朗上口，前后连贯，行文流畅，辞藻华丽，气势磅礴。古往今来，一代一代中华儿女，无数少年儿童从这些蒙学经典中起步，汲取知识，陶冶情操，提高修养，成人成材。

为什么孩子从小就要学习国学经典呢呢？俗话说得好，好的开端就是成功的一半。教育也是一样，蒙学之初就有一个高起点，对于孩子的良好成长和未来的发展，对于人的一生，有着举足轻重的影响。大脑生理学家们发现，儿童的智力和性格在6～8岁间完成90%，8岁以后的发展则渐趋缓慢，13岁左右，大脑发育最关键的敏感期就基本结束了。这表明孩子的聪明与否到七八岁已基本定型，所以教育应当把握关键的黄金时间，切莫坐失良机。

许多教育专家根据儿童教育的生理特点，大力推荐中小学生学习国学蒙学经典，他们认为最好从幼儿阶段就开始蒙学教育，并且推荐采用《三字经》等传统蒙学经典作为启蒙教材。据不完全统计，我国0～13岁的儿童大约有2亿，目前大约有2500多万儿童在学习国学经典。经过近几年的实践证明，儿童进行国学蒙学经典诵读2～3个月后就会发生明显改变，从开始的每天记忆20～30个字，到每天可以熟记100～200个字。语言能力的提高需要日积月累，孩子从小开始接受丰富的语言知识，一点一滴积累在脑海里，潜移默化然后喷薄而出，需要运用时便能脱口而出，出口成章。古人提倡“厚积薄发”就是这个道理。在国学蒙学经典诵读中，孩子的语言潜能和记忆力潜能都可以获得有效的开发，为他们未来的学习和发展打下良好的基础。

父母是孩子最好的老师，实践证明，由父母带着尚未成年的孩子一起学习国学蒙学经典，被认为是一项最好的亲子活动，不仅能提高孩子学习的效果，而且能增进亲情；在教学互动中两代人积极沟通，可以形成和谐的家庭氛围；在诵读中孩子进步了，在孝亲、礼仪、个人修养方面迅速获得提高，在家能孝顺父母，出门能尊敬师长，开始形成良好的礼仪教养、高尚的道德品质、儒雅的精神气质。随着知识水平的提高，孩子的素质有了显著的提高，家长在陪伴孩子诵读的过程中，也得到了一次重新学习的机会。因此，国学蒙学经典诵读，不仅是儿童启蒙教育的有效方法，也是国民素质教育的康庄大道。

诵读国学经典，开启人生智慧

全面提升记忆力， 博闻强记， 过目不忘

全面提升认知力， 明辨是非， 正本清源

全面提升表达力， 舌灿莲花， 脱口成章

全面提升逻辑力， 下笔千言， 一挥而就

全面提升交往力， 高山流水， 风行云从

全面提升自省力， 三省吾身， 谦谦君子

全面提升创造力， 学以致用， 栋梁之材

目录

zhì jiā gé yán jiǎng dú piān
《治家格言》讲读篇

lí míng jí qǐ sǎ sǎo tíng chú

黎明即起，洒扫庭除①，

yào nèi wài zhěng jié

要内外整洁；

jì hūn biàn xī guān suǒ mén hù

既昏便息②，关锁门户，

bì qīn zì jiǎn diǎn

必亲自检点。

【注释】

①庭除：庭，庭院；除，台阶。

②昏：黄昏，天色黑下来的时候。

【译文】

每天早晨黎明就要起床，先用水洒在庭堂内外的地面上，然后扫地，使庭堂内外整洁；等到黄昏便要休息，把门户都锁上，一定要亲自查看门锁。

yì zhōu yí fàn　dāng sī lái chù bú yì

一粥一饭，当思来处不易；

bàn sī bàn lǚ　héng niàn wù lì wéi jiān

半丝半缕①，恒②念物力维艰。

【注释】

①缕：线。

②恒：时常。

【译文】

一碗粥或一顿饭，我们都应当想到来之不易；衣服上的半根丝和一条线，我们也要常念着这些物品的生产是很艰难的。

【解读】

节俭是中华民族的传统美德，节省物力，珍惜现在所拥有的一切，这是我们幸福自在生活的基础。李绅的《悯农》中写道：“锄禾日当午，汗滴禾下土。谁知盘中餐，粒粒皆辛苦。”农民种地，工人纺纱织布……有了他们的辛勤劳作，我们才能衣食无忧。虽然现在社会飞速发展，可是地球的资源毕竟有限，如果我们浪费资源，后世子孙将会受贫乏之苦。

yí wèi yǔ ér chóu móu wú lín kě ér jué jǐng

宜未雨而绸缪①，毋临渴而掘井②。

【注释】

①未雨而绸缪：天还未下雨，应先修补好屋舍门窗，喻凡事要预先作好准备。

②掘井：打井。

【译文】

凡事先要做好准备。下雨之前就要把房子休缮好，不要等到下雨了再去补救，也不要等到口渴的时候再去打井。

【解读】

古人说“凡事预则立”，也就是说，想要把事情做成功，必须事先做好准备。等到天下雨了再想着修补房屋门窗的破漏之处，雨水早就灌进屋子了；等到口渴了再去挖井，那就是渴死了也还见不到一滴水。

我们一定要将目光放得更长远些，规划好将来的生活。现在虽然生活安定了，可是谁知道将来会不会遭遇挫折？所以智慧的人会事先做好准备，以应对将来的不时之需。

zì fèng bì xū jiǎn yuē　　yàn kè qiè wù liú lián

自奉必须俭约①，宴客切勿流连②。

【注释】

①自奉：自己日常生活的享用与供养。

②流连：依恋，舍不得去。

【译文】

自己的日常生活开销必须节俭，宴请客人吃饭也不要依依不舍、流连忘返。

【解读】

古人曾说“静以修身，俭以养德”。俭约不光是一种生活习惯，也是一种能够影响我们立身、立家、立国的重要品德。所谓俭就是寡物欲，忌挥霍，不贪占。能够做到节俭，才能清心寡欲，不生妄念。就像宋朝的范仲淹，出将入相几十年，但生活一直保持节俭，多余的俸禄都拿来周济穷苦亲邻。所以他能够成就一代圣贤风范，成为当时和后世的表率。

招待亲戚朋友吃饭，千万不要流连忘返。淡泊如水的君子之交才能持久，小人之交虽然一时火热，但交情很快就会淡去。

【小故事】

苏东坡节俭度日

苏东坡二十一岁那年就中了进士。做官就有俸禄，他文章写得好，也有人来巴结奉承，所以生活很惬意。

后来苏东坡被贬官，外放到了偏僻的黄州，官职降了好几级，俸禄自然也少了许多。按照先前的开销，肯定是过不下去了。他不得已，只好将家中的仆人遣散了，只留下几个亲随跟着他去黄州。就算是这样，他也穷得揭不开锅。

有朋友见到苏东坡这个样子，劝他还是自己动手，种点儿瓜菜，不至于没吃的。他觉得这主意不错，便在朋友帮助下，借了一块地，自己耕种起来，种点儿蔬菜。每年的俸禄只有那么一点，各方面都要开销，他于是制定了一个具体而详细的计划，把每年能够拿到的俸禄都算好，然后平均成十二份，每个月用其中一份。这每一份又平均成三十份，每天用一小份。他将这些钱都分好，按份挂在房梁上。每天早晨从房梁上取下一小包来，作为一家大小的生活开支。

即便这样，他也要常常权衡，很多可买可不买的东西他坚决不买。每天都必须要有结余，不能超支。这些结余下来的钱，还得另外存到一个竹筒里，以防生病或其他应急开销。

qì jù zhì ér jié　　wǎ fǒu shèng jīn yù
器具质而洁，瓦缶胜金玉①；
yǐn shí yuē ér jīng　　yuán shū yù zhēn xiū
饮食约而精②，园蔬愈珍馐③。

【注释】

①瓦缶：泥土烧制的器具。

②约：俭约。

③园蔬愈珍馐：菜园里种的普通蔬菜胜过山珍海味。愈，胜过；珍馐，珍奇美味的食物。

【译文】

餐具质朴而洁净，虽然是泥土烧制的瓦器，也比金玉制成的好；食物虽然量少但是精美，虽是园里种的蔬菜，也胜过山珍海味。

wù yíng huá wū　　wù móu liáng tián

勿营华屋①，勿谋良田。

【注释】

①勿营华屋：营，营造，修建；华，华丽。

【译文】

不要去修建华丽的房屋，不要谋划买进肥沃的田亩。

【解读】

很多人觉得房子和土地最可靠，赚了钱要荣归故里，要大兴土木，修建华屋别墅，要良田千顷，奴仆成群。其实，生活越简单越好，这种身外之物太多，反倒容易使人成为物欲的奴隶。哪怕有华屋千间、良田万顷，我们所能享受的也只有一部分而已。最重要的还是调整自己的心态，恬然从容，不为外物所累，这样才能获得真正幸福的生活。

sān gū liù pó　shí yín dào zhī méi

三姑六婆，实淫盗之媒；

bì měi qiè jiāo　fēi guī fáng zhī fú

婢美妾娇，非闺房之福。

tóng pú wù yòng jùn měi　qī qiè qiè jì yàn zhuāng

童仆勿用俊美①，妻妾切忌艳妆。

【注释】

①童仆：家僮、奴仆一类。

【译文】

社会上不正派的女人，其实是淫邪和盗窃的媒介；美丽的婢女和娇艳的姬妾，并不能给家宅带来幸福。

家僮、奴仆，不要用相貌英俊美丽的，妻子、姬妾千万不要用艳丽的妆饰打扮。

zǔ zong suī yuǎn jì sì bù kě bù chéng
祖宗虽远，祭祀不可不诚；
zǐ sūn suī yú jīng shū bù kě bù dú
子孙虽愚，经书不可不读。

【译文】

祖宗虽然离开我们年代久远了，但祭祀的时候一定要虔诚；

子孙虽然并不聪明，但“四书”、“五经”却一定要认真诵读。

【解读】

中华民族历来尊崇孝道，孝道是我们生生不息的根源和动力。曾子曾说，“慎终追远，民德归厚。”能够诚意祭祀祖先，社会有祭祀的好风气，民风必定能够淳朴，社会也能和谐安定。

至于子孙，不仅要用实际行动教会他们明孝道，也要让他们熟读经书，知晓祖先传授的圣贤之道。所谓学文和力行并重，既要重视读书也要重视耕种。古人耕读传家，通过读书来明理，再通过耕种来身体力行所学的道理。用我们现在的话来说就是学习与实践并重，二者不可偏废。

jū shēn wù qī zhì pǔ　jiào zǐ yào yǒu yì fāng

居身务期质朴，教子要有义方[1]。

mò tān yì wài zhī cái　wù yǐn guò liàng zhī jiǔ

莫贪意外之财，勿饮过量之酒。

【注释】

①义方：做人的正道。

【译文】

自己的生活务必要求简单节俭，要以做人的正道来教育子孙后代。

不要贪图不属于你的财物，可以饮酒，但不要酗酒。

【解读】

这里所说的意外之财，其实就是不义之财。古人认为，“取非义之财者，譬如漏脯救饥，鸩酒止渴，非不暂饱，死亦及之。”天道均衡，不属于你的财富不要心生贪念，生起了贪念是不会有好结果的。

“勿饮过量之酒”，这也是古人谆谆教导的至理名言。饮酒过多伤身是一方面，酒后误事、酒后乱性反倒祸害自身的也不在少数。东晋前秦厉王苻生，贪杯嗜酒，酒后胡乱杀人，臣民都吓得战战兢兢，心怀愤恨。后来苻坚起兵反抗，当兵士把苻生抓起来的时候，他还在酩酊大醉中，被人砍了脑袋还不知道是怎么回事。

yǔ jiān tiāo mào yì　　wú zhàn pián yi

与肩挑贸易，毋占便宜；

jiàn pín kǔ qīn lín　　xū jiā wēn xù

见贫苦亲邻，须加温恤。

【译文】

和做小生意的挑贩们交易，不要去占他们的便宜；看到贫苦的亲戚或邻居，要嘘寒问暖地关心他们，必要时要对他们有金钱或其它的援助。

【解读】

我们生活在这个世界上，人与人之间都要相互体恤，多为他人考虑一分。见到比自己处境差的，要伸手帮扶一把，多宽容多担待，要心存仁厚。有了仁厚之心，就能容纳他人，能够深明大义。要不怕吃亏，虽然眼前吃了小亏，日后可能因此占大便宜。我们每个人都经历顺境逆境，有得意的时候，也有失意的时候，在我们有能力帮助他人的时候，应该尽量多帮助。这样，日后我们若需要他人相帮时，别人也才会伸出援手。

【小故事】

一方有难，八方支援

晚清末年，山东大旱，旱情持续不消，饥荒日趋严重，民众们便自发组织起来，互帮互助，相互救济。

一开始，是地方上的乡绅和富户带头设立粥厂，赈济乡邻，后来灾情一直持续，很多并不富裕、甚至家境较贫寒的百姓，也竭尽所能，用各种方式帮助更为穷困的乡亲。

高密的刘玉瓒自小就失去双亲，凭着自己的一双手，终于能够让家人再不挨饿了。平时每有乡亲因急借钱，他从不拒绝。有人无力偿还，他也不再追索。这次饥荒刚起，他就把自家粮仓里的粮食都散了出去，赈济乡邻。不过他自己的力量始终有限，于是又劝家族中其他成员凑集粮食，分给乡亲。

诸城的李允升家境贫寒，为了生计，一直在大户人家当长工。眼看着满街都是饥民，他心中不忍，把自己为数不多的工钱都拿出来买粮分给饥民，又劝说主人捐出一些粮食。

临朐刘华，家里有多余的钱粮，他便将粮食都拿来救济百姓，还不要登记，对他们说："这是上天降下来的灾祸，我有能力，就帮扶你们一把。如果等到年成好，你们愿意还给我一些，那都随你们。至于借出去多少，我都不登记，你们请自便吧。"

临朐的马来庆，家中本不富裕，但是他对兄长说："我们家家产寡薄，即便全都散出去，也不能够赈济大众。但是我们族中还有百来户人家都等着粮下锅，我们还是把家里剩的那点儿粮食都拿出来吧。怎么能看着他们死呢？"于是兄弟俩将家里的粮食全都分发出去，又出钱买来粮食赈济乡亲。

昌乐县的王笃敬被知县派去办理放粮救灾的事情，王笃敬秉公处理，将钱粮发放到灾民手中。等到吃饭的时候，大家都拿碗盛粥吃，唯独他从袖中掏出硬邦邦的饼子充饥。有人十分不解，问他为什么这样做，他说："像我们这些人，多省下一粒粮食，灾民就能多得到一分恩惠。"

临朐的赵义，开了一个小油坊，生意还过得去。但是现在大灾之年，各地都有难民，他不忍见百姓受苦，让伙计牵上三匹骡子外出买粮，准备平粜给乡民。回来到达安丘界时，饥民李小蛮等人将买来的粮食抢了去。

这事情闹得比较大，当地知县缉拿了抢粮的饥民，传赵义去问话。赵义正要去县衙，刚好家人来报，说老母重病。赵义是孝子，立刻返回家中，母亲好端端地坐着，不像有病的样子。母亲问他："你这一次去县衙，是要将那些拦路抢劫的灾民都送上断头台？"

赵义说："是要处理灾民的事情，不过，我想请求释放他们，他们都是迫不得已。"

听了这话，母亲十分高兴，高声说："这样就好。那你赶紧去。我没病了，你去救人要紧。"

赵义到了县衙，求知县宽大为怀，说这些灾民都是吃不上饭，饿得发昏才会铤而走险的。知县本来也为灾民大伤脑筋，听到赵义这话，十分欣喜，命令犯人跪地拜谢赵义，然后将他们都放了。

kè bó chéng jiā lǐ wú jiǔ xiǎng

刻薄成家，理无久享；

lún cháng guāi chuǎn lì jiàn xiāo wáng

伦常乖舛[1]，立见消亡。

【注释】

①乖舛：违背。

【译文】

对人刻薄而发家的，决没有长久享受的道理。行事违背伦常的人，很快就会招致灭亡的祸患。

【解读】

古人常说，天道轮回，你如果做善事，日后将会有福报，如果作恶，恶果也会报应到你头上。你如果刻薄成性，虽然骤然发家了，但眼前的财富不能久享，很可能也会突然失去。很多祖辈刻薄发家的，子孙辈却变成败家子，很快就将祖辈的财富挥霍殆尽。

孟子认为，父慈子孝、兄良弟悌、夫义妇听、君仁臣忠，长惠幼顺，这是十义，这是修常德。人应该敦睦伦常，恪尽本分，自然就能够长久；违背伦常道德，与天道不相应，做人已经没有根了，所以很快就会灭亡。

xiōng dì shū zhí　xū fēn duō rùn guǎ

兄弟叔侄，须分多润寡；

zhǎng yòu nèi wài　yí fǎ sù cí yán

长幼内外，宜法肃辞严。

【译文】

兄弟叔侄之间要互相帮助，富有的要分出一些来资助贫穷的；一个家庭里，要做到长幼有序，内外有别，法理严肃，言辞庄重。

【解读】

家庭和睦是从古至今人们极为重视的一点，家和万事兴，家宅不宁，做事也容易受影响。但是每个家族中总会有些人得意有些人失意，贫富悬殊，人心就不平，就可能产生冲突，甚至可能导致家庭破裂。所以在一个家庭里，大家要互相帮助，互相体谅，富有的多资助贫困的，贫困的也要知恩图报。这样，家庭才能和睦融洽，平和康宁。

一个家庭，不光要和睦友爱，也要有一定的规矩。长幼尊卑有别，不可乱套。家风严谨，这个家族才能繁荣发展，长久立于不败之地。

tīng fù yán guāi gǔ ròu qǐ shì zhàng fū

听妇言，乖骨肉，岂是丈夫？

zhòng zī cái bó fù mǔ bù chéng rén zǐ

重资财，薄父母，不成人子。

【译文】

听信妇人挑拨，而伤了骨肉之情，怎么能称得上是大丈夫呢？看重钱财，而薄待父母，更不是为人子女的道理。

【解读】

这两句都是在讲作为家庭顶梁柱的男人在对待子女与父母方面应有的态度。

作为父亲，对待子女应该仁爱有加，公正无偏，千万不要听信枕边风而对子女有所偏爱或者疏远，伤害了自己与骨肉的情感；作为人子，我们也应该厚待父母，因为他们的精心养育，我们才能有今天的生活。哪怕就是十月怀胎的恩德，已经足够我们用一生去报答了。如果为了一点财富就薄待了父母，实在枉为人子，天理难容。

jià nǚ zé jiā xù　　wú suǒ zhòng pìn

嫁女择佳婿，毋索重聘；

qǔ xí qiú shū nǚ　　wù jì hòu lián

娶媳求淑女，勿计厚奁[①]。

【注释】

①厚奁：丰厚的嫁妆。奁，古代汉族女子存放梳妆用品的镜箱，为女子出嫁时必备，所以常用来代指嫁妆。

【译文】

嫁女儿，要为她选择贤良的夫婿，不要索取贵重的聘礼；娶媳妇，须求贤淑的女子，不要贪图丰厚的嫁妆。

【解读】

这两句是针对父母而言，古代婚配大多听从父母之命，子女的婚姻权都握在父母手里。不管嫁女儿还是娶媳妇，都不能贪图对方的钱财。为子女选择配偶一定要注重人品，贤良淑德最要紧，钱财都是身外物。

在二十一世纪的今天，提倡婚姻自主，结婚主要看双方的意愿，父母的意见只能作参考。即便如此，父母也要帮助子女把好关，选对合适的人共度一生。

jiàn fù guì ér shēng chǎn róng zhě zuì kě chǐ
见富贵而生谄容者，最可耻；
yù pín qióng ér zuò jiāo tài zhě jiàn mò shèn
遇贫穷而作骄态者，贱莫甚。

【译文】

看到富贵的人，便巴结讨好的人，是最可耻的；遇着贫穷的人，便作出骄慢姿态的人，是最卑贱不过的。

【解读】

这两句话教导我们要端正做人，自重自爱，不可媚上欺下、嫌贫爱富。

心中有贪婪之心、有对功名利禄的执念，才会见到富贵者就急切地扑上去，谄媚巴结。而往往这样的人，对待贫穷者或者不如自己的人又是一副居高临下的姿态。这样的人不自重自爱，令人鄙视。孔子说：“不义富且贵，于我如浮云。”真正的君子不论面对的是权势熏天的上位者还是贫穷的老百姓，都一样亲切谦和、不卑不亢。

【小故事】

气节与情操

古人一直提倡人要有气节，要有高尚的情操，这是至理大道，无论什么时候都要积极提倡。

孔子有个弟子叫颜回，虽然贫困，但是他一直坚守心中的道德准则，不愿为了衣食而放弃原则去谄媚那些王公贵族。孔子曾经赞叹他这个弟子有高尚的品行，说：“贤哉回也！一箪食，一瓢饮，在陋巷，人不堪其忧，回也不改其乐。贤哉回也！”

孔子之后的至圣大儒孟子说：“富贵不能淫，贫贱不能移，威武不能屈，此之谓大丈夫。”意思是说，高官厚禄收买不了，贫穷困苦折磨不了，强暴武力威胁不了，这就是所谓大丈夫。大丈夫的这种种行为，表现出了英雄气概，我们今天就叫做有骨气。

古代有一个穷人，饿得快死了，有人端着一碗饭，拿筷子敲着碗沿说：“嗟，来食！”虽然是文言文，但我们都听出来语气不善，这话用现在的话说就是：“喂，来吃！”饿人拒绝了“嗟来”的施舍，不吃这碗饭，后来就饿死了。这个故事从战国时候一直传下来，历朝历代的有德之士都倍加推崇。

哪怕你饿得奄奄一息，但是别人居高临下这样施舍给你的一碗饭，想必滋味也是很难受的。老话说：“吃人嘴短，拿人手软。”如果你吃了人家的，拿了人家的，你就名节不保，因为这样的人是不会白白施舍的。给了你好处，他必定要十倍百倍地收回。你必然会为了这些好处而做出一些违心的事情来。

不食嗟来之食，古人这样教导我们，历朝历代的人们也都这样身体力行。像伯夷和叔齐，因为觉得周武王的行为偏离了他们心中的正道，于是拒绝吃周朝的饭，在首阳山挖野菜填肚子。

抗日战争时期，日军侵占我中华国土，烧杀抢掠，无恶不作。百姓流离失所，苦不堪言。日军高层有军官十分欣赏梅兰芳的《霸王别姬》《贵妃醉酒》等曲目，花重金请梅兰芳登台为日本人献艺。梅兰芳严词拒绝，认为我是中国人，虽然不能为国家做些什么，但作为中国人的气节还在。日本人多番上门骚扰，梅兰芳干脆留起了胡须，蓄须明志，日本人只好恨恨作罢。

解放战争时期，国共两党对峙，国统区的百姓缺衣少食，生活困顿。美国支持国民党，向国统区发放救济粮。实际上是在扶持腐败的国民党独裁统治。于是很多有志之士奋起抗议，表示对美国的愤慨，拒绝领救济粮。朱自清先生就是其中之一，宁可饿死，也不领美国的救济粮，表现出一名正直的中国知识分子的高尚气节。

jū jiā jiè zhēng sòng sòng zé zhōng xiōng
居家戒争讼，讼则终凶；
chǔ shì jiè duō yán yán duō bì shī
处世戒多言，言多必失。

【译文】

居家过日子，千万不要陷入争斗诉讼，一旦争斗诉讼，无论胜败，结果都不好。为人处世千万要谨言慎行，因为言多必失。

【解读】

中国人历来讲究以和为贵，和气生财，无论居家过日子还是外出工作，都希望一团和气。家宅安宁和睦的，这家里的人也多半性格温和、宽容大度；家宅不宁的，这家里的人很容易脾气暴躁、心胸狭窄。所以明智的人尽量避免与人争斗，与其跟人吵闹不休，不如把这时间和精力用来提升自我。打官司太耗费时间和精力，一般情况下也是能避免就避免。当然，这不是让大家一味退缩，到非得用官司解决的时候，还是要积极应对，妥善处理。

【小故事】

多言惹祸

墨子的弟子向老师请教说：“多说话有好处吗?”墨子答道：“癞蛤蟆和青蛙，白天晚上都在不停地叫，叫得口干舌燥，也没有人去听它的。你看那雄鸡，在黎明按时啼叫，天下皆为振动，人们便早早起床了。所以，多说话有什么好处呢？重要的是，话要说得切合时机。”

可是这世上有许多人都不明白这个道理，总是拼命地表达自己，说个不停，以为这样自己就能高人一筹了。殊不知，“祸从口出”，话说多了，非但没有好处，还可能给自己招来祸患。

隋朝时贺若弼“目无余子”的故事想必大家都知道。贺若弼家世显赫，他的父亲贺若敦是北周时候的大将，能力过人，对把持朝政的宇文护口出怨言。宇文护本来就心狠手辣，立刻下令逼贺若敦自杀。

贺若敦知道自己多言惹了祸，十分后悔，临死前叮嘱儿子一定要少说话，说话前一定要反复思量，不要因言惹祸。

贺若弼本来就文武全才，是当时杰出的人才，被封小内史，少年得志，正是意气风发的时候，遭遇父亲惨死的打击，性格发生转变，开始变得谨慎小心起来。贺若弼因为谨慎小心，在周武帝和残暴的周宣帝时期，居然躲过数次劫难，保全了自己的性命。

到后来，隋文帝杨坚建立隋朝，作为周朝旧臣的贺若弼便归顺了杨坚，为隋朝统一江南立下了赫赫功劳，被任命为大将军。

志得意满的贺若弼终于完成了父亲和自己的夙愿，心中自然十分高兴。生活上也越来越奢侈无度，每日和歌姬寻欢作乐，饮酒嬉戏。家中的珍宝数不胜数，宅邸物品也是越来越华丽。功成名就的贺若弼越来越自满，他和他父亲同样的毛病开始展现出来，那就是无比的自大和自满。自认为功劳第一的贺若弼开始不满于将军的职位，以为宰相之位非自己莫属，对其他的朝臣也是颐指气使。

不久，杨素做了尚书右仆射，而贺若弼仍为将军，他自觉杨素功绩不如他，气不打一处来，不满的情绪和怨言便时常流露出来。他明目张胆地怨恨、诽谤杨素，让很多朝臣看不下去，于是被朝臣弹劾，之后被罢了官。

这事让贺若弼心中更为怨恨，行为越发张狂起来。后来一些话传到了隋文帝杨坚耳里，便将贺若弼逮捕下狱。杨坚责备他说：“你这个人有三太猛：嫉妒心太猛；自以为是，自以为别人不是的心太猛；随口胡说目无长官的心太猛。”但是因为贺若弼的确战功卓著，隋文帝不久也就放了他。

按说有了这次牢狱经历，贺若弼该吸取教训了，可是他依旧不知收敛。隋文帝杨坚有三个儿子，大儿子也就是太子杨勇与贺若弼关系十分密切。贺若弼十分得意，常在外炫耀他同太子关系亲近。可是后来，杨勇失势被废，二皇子杨广继任太子，贺若弼便一下从云头跌到了谷底。

文帝驾崩，太子杨广即位后，开始修筑长城、开凿运河、修建奢侈的行宫，劳民伤财，百姓流离失所。于是贺若弼便和高颎、宇文弼等朝廷重臣议论纷纷，批评皇帝的做法不合正道。他们议论的事情被人揭发，隋炀帝杨广勃然大怒，认为这是诽谤朝政，于是将贺若弼、高颎、宇文弼一同杀掉。贺若弼的妻子女儿被罚为官奴，儿子贺若怀亮也因此被罚为奴，不久亦死。

如果贺若弼能够听从他父亲的遗言，谨慎自持，也许就不会因多言被杀，祸及家门了。

wù shì shì lì ér líng bī gū guǎ

勿恃势力而凌逼孤寡，

wú tān kǒu fù ér zì shā shēng qín

毋贪口腹而恣杀生禽。

【译文】

不可依仗势力欺凌压迫孤儿寡妇，不要贪图口腹之欲而任意地宰杀鸡鸭牛羊。

【解读】

众生皆平等，不论乞丐还是高官，我们都要同样对待，尤其不能欺凌弱小。像孤儿寡妇这些人，本来就遭受了更多不幸，需要旁人更多的关心和体恤。古人说，“老吾老，以及人之老；幼吾幼，以及人之幼。”心存仁爱，像对待自己的亲人那样对待众人，这才是我们应该做的。不光对他人要仁爱，对世间万物都是如此。天地生养万物，有好生之德，肆意宰杀万物，是有违天道的做法，君子不取。

guāi pì zì shì　　huǐ wù bì duō
乖僻自是，悔误必多；
tuí duò zì gān　　jiā dào nán chéng
颓惰自甘①，家道难成。

【注释】

①颓惰：颓废、消极、懒惰。

【译文】

性格古怪、自以为是的人，必定会因常常做错事而懊悔；颓废懒惰、沉溺不悟的人，是难以成家立业、发家致富的。

【解读】

性格古怪、自以为是的人常常会做错事，这种人不思反省，很难从错误中汲取教训，往往会一错再错，惹来大患。我们要戒除傲慢和刚愎自用的心理，虚心听取别人的意见。像那种颓废懒惰、不求上进的人，也很难有所作为，我们也应该吸取教训，戒除懒惰和自满之心，努力提升自己。

【小故事】

寒号鸟

山脚下有一座石崖，石崖间有一道裂缝，裂缝里住着一只寒号鸟。因为石崖的角度倾斜着，下雨天雨水也打不进来，寒号鸟觉得住在这里好极了。

石崖前面有一条河，河边有一棵大杨树，杨树的枝桠间有一个鸟窝，鸟窝里住着的是喜鹊。喜鹊和寒号鸟这样面对面住着，也时常打个招呼。寒号鸟看看自己的裂缝，又看看喜鹊那个暴露在天地间的鸟巢，很是得意。

转眼间，秋风刮了起来，树上的叶子一天天变黄，落下的黄叶掉了一地，树枝都光秃秃的了，喜鹊的那个窝越发无遮无挡。

有一天，太阳暖洋洋地照着大地，喜鹊一大早就飞出了鸟窝，东寻西找，衔回来一些枯枝，就忙着垒巢，准备过冬。寒号鸟还是优哉游哉地四处玩耍，玩累了就回崖缝睡觉。

喜鹊一边干活儿一边对寒号鸟说："寒号鸟，别睡觉了，天气这么好，赶快垒窝吧。"寒号鸟躺在崖缝里翻了个身，懒洋洋地对喜鹊说："别吵我，太阳这么舒服，正是睡觉的好时光。"

喜鹊看到这个样子，摇了摇头，继续忙活着。

天气一天比一天冷，冬天来了，北风呼呼地刮着。喜鹊住在温暖的窝里。寒号鸟在崖缝里冻得直打哆嗦，悲哀地叫着："哆嗦嗦，哆嗦嗦，寒风冻死我，明天就垒窝。"

第二天早晨，风停了，太阳暖烘烘的。喜鹊又对寒号鸟说："趁着天气好，赶快垒窝吧。"寒号鸟说："我昨天一晚上都没睡好，现在正好补眠。"于是伸个懒腰，

又睡下了。

寒冬腊月，大雪纷飞，漫山遍野一片白色。北风咆哮着，一吼就是一整夜，河里的水全冻住了，冷风灌进崖缝里，像刀割的一样。喜鹊在枝桠间搭建了一个巨大的窝巢，挡风遮雪，这时正在温暖的窝里沉睡呢。寒号鸟冻得直发抖，一个劲地哀号："哆嗦嗦，哆嗦嗦，寒风冻死我，明天就垒窝。"

第二天一早，风又停了，阳光普照大地。喜鹊睡醒了，叫寒号鸟："今天天气好，你快起床筑巢吧。"可是它听不见寒号鸟的回答，原来可怜的寒号鸟在半夜里被冻死了。

xiá nì è shào　　jiǔ bì shòu qí lěi

狎昵恶少[1]，久必受其累[2]；

qū zhì lǎo chéng　　jí zé kě xiāng yī

屈志老成，急则可相依。

【注释】

①狎昵：过分亲近。

②累：连累，牵累。

【译文】

亲近那些轻浮浪荡的不良少年，日子久了，必然会受到他的牵累；结交那些恭敬自谦、老成持重的人，当你遇到急难的时候，一定可以得到他的帮助。

【解读】

这两句教导我们应当如何选择自己的朋友圈子。诸葛亮教导刘禅说要“亲贤臣远小人”，这是国家兴隆之道。不独国家，对个人来说也是如此，亲近贤明仁爱的人，远离小人恶人，我们才能日有所进，免受污染和牵连。物以类聚，人以群分，一个人的朋友圈子就决定了这个人的品行素质。我们要远离邪僻狎昵之徒，亲近老成持重的人，因为前者只能给自身带来灾祸，而后者却能在危急中伸出援手。

qīng tīng fā yán　ān zhī fēi rén zhī zèn sù
轻听发言，安知非人之谮诉[1]？
dāng rěn nài sān sī
当忍耐三思。

【注释】

①谮诉：谗毁攻讦，诽谤诬蔑人的坏话。

【译文】

假如有人到你面前来说长道短，你可千万不可轻信，你怎么知道他不是来搬弄是非，说人坏话的呢？因此，无论听到别人说什么，你都应当忍耐，三思而后行。

【解读】

古人常讲，“来说是非者，必是是非人。”真正的君子是不听是非的，更不屑于说长道短、搬弄是非，所以谣言止于智者。对于别人的是非过错，我们不该过多评价，更不应该将未经证明的流言到处传扬。断绝是非之心，这是修养自身的一个必要条件。

yīn shì xiāng zhēng　yān zhī fēi wǒ zhī bú shì

因事相争，焉知非我之不是？

xū píng xīn àn xiǎng

需平心暗想。

【译文】

假如与人因事发生争持，应冷静反省自己，你怎么知道不是自己不对呢？因此，需要平心而论，反省暗想，检视自身。

【解读】

儒家讲究恕道，人人都可能犯错，当我们同他人发生冲突的时候，首先反诉己身，看是不是自己出了错。即便不是自己的问题，我们也要宽恕对方，因为人人都会有犯错的时候，得理不饶人不能解决问题，反倒伤了彼此和气，也就不得理了。人活在世界上难免会遇到种种问题，同他人发生摩擦，这时我们不妨暂且忍耐，退一步海阔天空。

【小故事】

韩延寿闭门思过

汉昭帝的时候，韩延寿在左冯翊担任太守。他为人谨慎厚道，提倡以道义、言行来教化百姓，深受百姓的爱戴。

有一次，他到高陵县巡视，碰到兄弟俩向他告状。

哥哥说：“我弟弟抢占了我的耕地。”弟弟说：“这块地是爹妈在世的时候指明给我的，是我哥哥不讲理，硬说是分给他的。”兄弟俩各执一词，争论不休，韩延寿和下属花好大功夫才把两人劝开。可是兄弟俩依旧骂骂咧咧，恶语相向。

韩延寿从小谨守夫子之道，以为辖区内民风淳朴、百姓安居乐业，没想到亲兄弟为了一块地竟闹得不可开交，将父母恩德和兄弟之情都抛在脑后。

这件事给了韩延寿极大的震动，他羞愧地说：“我作为太守，是一郡之长，不能教化百姓，以致今天民众间发生骨肉争讼。这既伤风化，又使贤人孝子受耻。其责任在我身上，我应退职让贤。”于是，韩延寿推托有病，不去处理公务，而是独自一人待在房间里，关上房门，静静地思考自己的过错。

那告状的兄弟俩还等着太守大人给他们当家做主呢，没想到太守居然自认为有错，闭门思过了。兄弟俩十分后悔，两人互相道歉，和好如初，又结伴去向韩延寿请罪。韩延寿看到兄弟俩已然改过，面露喜色，但是想到自己身为太守，却没能尽到教化百姓的职责，心中十分惭愧。

韩延寿聘请了许多贤人高士，对他们以礼相待，请他们出谋划策；崇尚教化，提倡纳谏；举孝廉，表恭敬；明确赋税，整治安保，严格管理。刚开始，百姓和官吏都叫苦不迭，后来，地方清明安定，人们都纷纷感念他的恩德。

shī huì wù niàn shòu ēn mò wàng

施惠勿念，受恩莫忘。

【译文】

对人施了恩惠，不要总是记在心里，受了他人的恩惠，一定要永远铭记在心。

【解读】

真心行善是不求回报的，如果行善需要对方回报，那就不是真的行善了。行善是本性的自然流露，做过了就过了，不要放在心上。仗着自己对别人有恩，而胁迫对方予以回报，这样的做法与强盗无异。但是受了别人的恩惠，一定要记得报答。古人常说，“滴水之恩，当涌泉相报。”常怀一颗感恩心，对待我们生命中遇见的每一个人每一件事，我们的人生之路必将越走越顺畅。

【小故事】

结草衔环

我国历来奉行报恩的说法，结草与衔环都是古代报恩的传说，比喻受人恩惠，定当厚报，生死不渝。

春秋时，晋国的魏武子病重，弥留之际，对儿子魏颗说，要他把自己最宠爱的那个小妾杀了一同殉葬。魏颗点头答应了。可是魏武子死后，魏颗非但没有杀掉那个小妾，反倒另外找了个好人家把她嫁出去了。魏颗的弟弟责怪他没有听从父亲的遗嘱，魏颗却说："人在病重之时，神志不清。父亲一直都说等他死了，要为她另选良配，我是遵从父亲神智清明时的吩咐。"

后来，秦国攻打晋国，大将杜回骁勇善战、力大无比，一路斩杀了不少人。魏颗当时是晋国的将军，晋王于是派他带兵迎战。两军在晋地辅氏交战，杜回率领骁勇善战的武士几百人冲入晋军阵营里，左右劈杀，晋军被击杀无数。魏颗十分焦躁，看正面交战不能抵挡，于是想用计杀退杜回。后来魏颗在青草坡埋下伏兵，将杜回引诱到此，双方激战，难分难解。可是杜回越战越勇，魏颗渐渐觉得体力不支，快要招架不住。正在这时，杜回突然跌了一跤。魏颗分明看到面前出现一个老人，迅速将地上的枯草藤都打了结，将杜回绊倒在地。魏颗趁势活捉了杜回。等魏颗再回头看时，那个老人已经不知去向。杜回被俘，秦军自然不攻自退。

当天晚上，魏颗做了个梦，梦见白天的那个老人对他说："我就是被你嫁出去的那个妇人的父亲，为了感谢你的恩德，特来战场上结草回报。"

魏颗因为活捉了杜回，大败秦军，立下显赫功勋，被晋国君主封于令狐。魏颗的后代以祖上封地为姓，称令狐氏。

东汉时，有一个叫杨宝的孩子，上山去打柴，在山林中见到了一只被蛇攻击的小黄雀。杨宝想尽办法赶跑了大蛇，救出了奄奄一息的小黄雀。见小黄雀实在可怜，杨宝便将它焐在胸前，带回家中精心照料。

过了一段时间，小黄雀的伤势已经完全好了，杨宝就把它放回山林。当天晚上，杨宝做了个梦，梦见一个黄衣童子，口里衔着四枚玉环，对杨宝说，感谢您的救命之恩，这是送给您的礼物，祝愿您此生尽享荣华富贵，子孙几代人都做大官。后来，杨宝的儿子、孙子、曾孙果然都做了大官，享尽了荣华富贵。

fán shì dāng liú yú dì dé yì bù yí zài wǎng

凡事当留余地，得意不宜再往。

【译文】

无论做什么事，都应当留有余地；人生遇到得意的事情得意以后，应当知足，不应该再进一步，索取无度。

【解读】

做人做事都要谨守中庸之道，人不可以过分，事不可以做绝。事情办得恰到好处为宜，过犹不及。我们要谨守这个准则，奉行中道，待人宽和，做事留有余地。在春风得意的时候也要谦虚谨慎，懂得适可而止，不要贪得无厌。月满则亏，水满则溢，眼前得意须知日后也会有失意之时，所以要居安思危，早作打算。

【小故事】

做人当留余地

有一个佛门弟子，怀着一颗无比虔诚的心前来学习，日夜参禅打坐，苦思佛法，可是所得很少。

这个弟子十分苦恼，去向师父求助。师父将他的修行做法都看在眼里，没有多说什么，只是递给他一个葫芦、一把盐，说："你把葫芦装满水，再把盐放进去，让盐很快融于水中。"

弟子不明白师父什么意思，但还是照做了。过了一会儿，他又来找师父："师父，水太满了，摇不动啊。想用筷子进去搅，可葫芦口又太小了，进不去。所以，这盐都沉到下面去了，化不了啊！"

听到这话，师父笑了，对他说："这有什么难办的？你先把葫芦里的水倒掉一些，然后再用力摇一摇，看看如何？"徒弟按照师父的说法去做了，这下子，葫芦里的盐立刻就融化了，清水变成咸水了。

师父问："这下你可明白了？"

弟子恍然大悟，连忙称谢，说自己明白了。

水灌得太满，盐就渗不进去，必经留有一定的空间和余地，盐才能充分渗入。这个小和尚修行也是如此，日夜苦学，没有一定的空间来思索，将思路都堵塞了，自然所得甚少。我们在生活中也是如此，我们所面临的事物多种多样，纷繁复杂，我们得留有一定的"空间"或者"余地"，这样才能促进或者加快事物向既定的目标发展。

rén yǒu xǐ qìng bù kě shēng dù jì xīn
人有喜庆，不可生妒忌心；
rén yǒu huò huàn bù kě shēng xǐ xìng xīn
人有祸患，不可生喜幸心。

【译文】

他人有了喜庆的事情，不可生出妒忌之心；他人有了祸患之事，不可产生幸灾乐祸之心。

【解读】

他人有值得庆幸的事，我们应该为他感到高兴，“见人之得如己之得”，不能心生嫉妒。嫉妒之心不会给他人造成多大的损失，却会给自己带来伤害。如果因为嫉妒心的唆使而做出对他人不利的事情，最后也会给自己带来损害。

人活在这世上，难免会遭遇灾祸，见到他人的灾祸，我们应该心生怜悯，主动相帮，并祝愿他早日脱离灾祸。如果认为别人家的灾祸是可喜庆的事情，灾祸就会降临到你的头上。

【小故事】

幸灾乐祸惹大患

春秋时，晋献公的宠妾骊姬想要立自己的儿子奚齐为太子，先是陷害太子，之后又诬陷公子重耳和夷吾。重耳和夷吾感到身陷险境，便分别逃了出去。

晋献公死后，奚齐继位，大臣里克等人聚众作乱，先后杀死了奚齐与继任的卓子。里克派人到翟国去迎接重耳回国继任国君，重耳推辞了。后来又派人到梁国去迎接夷吾，夷吾想回去，又觉得自己势单力薄，不能与里克相抗衡。于是夷吾派人给秦穆公送厚礼，并许下诺言说，如果能够回国担任国君，愿意把晋国河西地区割让给秦国。同时夷吾又给里克写信说愿意将汾阳的城邑封给他。

就这样，在秦穆公和里克的内外支持下，夷吾坐上了国君的位子，世称晋惠公。可是他刚刚当上国君就开始翻脸不认账，先是派人向秦穆公道歉，说自己没有权利擅自将土地许给秦国。秦穆公心中气恼，也不好发作。之后，晋惠公非但没有把汾阳城邑封给里克，反而夺了他的权。晋惠公想到兄长重耳还流亡在外，担心里克与重耳勾结，于是赐死了里克。

晋惠公违背诺言，不仅诛杀里克和七舆大夫，还派人到境外谋害重耳，国人对他的做法议论纷纷。

晋惠公登基的第四年，晋国遭遇天灾，发生大饥荒，晋惠公向秦国请求购买粮食。秦穆公虽然恼恨晋惠公背信弃义，但是觉得救助邻国是应尽的道义。于是秦穆公派了大量的船只运载粮食，帮助晋国渡过了难关。

到了第二年，秦国也遭受天灾，而晋国这一年收成却很不错。秦穆公于是派人到晋国请求购买粮食。没想到，晋惠公居然断然拒绝，一粒米都不卖给秦国。大夫

庆郑劝说晋惠公：“辜负别人的恩惠，就会失去亲人；对别人的不幸反而感到高兴，是不仁的表现；贪心不足，舍不得用财物去救济别人，是一种不祥之兆；使邻国产生怨恨，就是不义的行为。这四种，是立国的基本道德，如果都丧失的话，国家还如何立足？”

晋惠公这个时候已经昏了头，根本听不进庆郑的劝说，他不仅不帮助秦国，反倒认为这是灭掉秦国的好机会，甚至还派兵攻打秦国。

到晋惠公即位的第六年，秦国度过灾荒，秦穆公亲自率领大军大举进攻晋国。这一次，秦国来势汹汹，晋国没法抵抗，晋惠公被活捉了。后来，秦国放晋惠公回国，条件是要晋国把黄河以西的土地献给秦国。晋惠公背信弃义、幸灾乐祸，最后反倒给自己招来了祸患。

shàn yù rén jiàn　bú shì zhēn shàn

善欲人见，不是真善；

è kǒng rén zhī　biàn shì dà è

恶恐人知，便是大恶。

【译文】

做了好事，总想他人看见，就不是真正的善。做了坏事，总怕他人知道，就是真正的恶。

【解读】

行善是出自我们的本心，做过之后就可以放下了，既不求人回报，也不应该希望别人看见。想让别人看见自己行善，这是名利心作祟，真正的善是大公无私的。所谓天理昭彰，循环不爽，善恶到头终有报；祸福无门，惟人自招。种下善因便会结善果，作恶多端的，不管有没有人知晓，最后也终会有报应的。做了恶还要掩盖自己的行径，这样的做法是大错特错，是真正的恶。

jiàn sè ér qǐ yín xīn　bào zài qī nǚ

见色而起淫心，报在妻女；

nì yuàn ér yòng àn jiàn　huò yán zǐ sūn

匿怨而用暗箭[①]，祸延子孙。

【注释】

①匿怨：对人怀恨在心，而面上不表现出来。

【译文】

看到美貌的女性而起邪心的，将来会在自己的妻子儿女身上报应；怀怨在心而暗中伤害人的，将来也会给自己的子孙留下祸根。

【解读】

古人说，万恶淫为首，因为一瞬间的欲念，而将自己的健康、长寿、子孙、前程和其他福禄全都葬送，实在是不值得，有智慧的人不会去做这种蠢事。想要明哲保身，就要断绝欲念。如何断绝呢？可以参考颜回说的“非礼勿视，非礼勿听，非礼勿言，非礼勿动”准则来做。

断绝心中的欲念还不够，还得根除心中的愤恨与怨毒。古人说，“冤家宜解不宜结”，结了一门仇，不光给自己也给后世子孙带来灾祸。倘若我们以仁爱之心来待天下人，最终也必将换来他人的和谐相待。

【小故事】

白豆和黑豆

宋朝有一个叫赵康靖的人，十分注重德行修养，他以曾子为榜样，每天都要反省自己一天的所作所为、所思所想，务求事事合乎礼仪。

不仅如此，赵康靖还准备了两个瓶子和两把豆子，一把黑豆一把白豆。每一次起了一个善念，他就投一粒白豆到左边瓶子里；如果起了一个恶念，就投一粒黑豆到右边瓶子里。一开始，右边瓶子里的黑豆非常多，后来逐渐减少，白豆逐渐增多。到最后，他再也不起妄念，善恶两种念头都没了，他也就不再用瓶子和豆子了。这个时候，他的心地已经光明洁净、澄澈通透了。

jiā mén hé shùn suī yōng sūn bú jì yì yǒu yú huān

家门和顺，虽饔飧不继[①]，亦有余欢；

guó kè zǎo wán jí náng tuó wú yú zì dé zhì lè

国课早完[②]，即囊橐无余[③]，自得至乐。

【注释】

①饔飧：饔，早饭；飧，晚饭。

②国课：国家的赋税。

③囊橐：口袋。

【译文】

家庭内部和气平安，虽然缺衣少食，也觉得快乐；尽快缴完国家的赋税，即使口袋里粮食所剩不多，也是自得其乐。

【解读】

我们常说家和万事兴，对家庭来说，和顺比财富更为重要。一个家庭想要和顺，作为我们自身来说，必须对上孝敬父母，中间友爱兄弟姐妹、关爱自己的伴侣，对下疼爱晚辈。家庭和睦从我做起，以孝悌为基础。家庭和顺的同时也要早早把国家的税赋给交清，这样才能一身轻松，平安快乐。

【小故事】

木桶的故事

从前，有一个老头儿，生了五个儿子，在世前，五个儿子关系比较和睦，可是他很担心，如果他和老伴都去世了，孩子们会为了家产而争斗。

老头儿临终前将儿子们都叫到床边，对他们说："孩子们，我很快就要离开你们了。在我死前，我要你们好好听我讲一个故事，等我讲完了，再告诉我你们的体会。"儿子们点头答应了。

老头于是缓缓地讲起来："森林里有一棵大橡树，很高很粗，树枝上结满了果实。它的根很深，吸收着地下的养分，暴风吹了它多少次也吹不倒。有一天，一个樵夫来到森林里，看中了这棵橡树，就卷起袖子，砍起树来。天快黑时，他砍倒了大树。他把树枝砍光，又把树干拖到木匠作坊里，锯成木板，装在大车上，运走了。回家后，他用木板做了一只木桶，套上箍，每天从桶里倒出刚酿好的冒泡酒，然后卖给办喜事的农民。就这样，过了很多日子。有一天桶箍坏了，木桶板都松了，酒漏光了，于是桶干裂了。主人没有及时加新的箍，木桶板都散开了。"

说到这里，老头停顿了一下，打量了儿子们，又说起来："后来，孩子们分别抽走了桶箍，在街上滚圆环，女主人把桶片和桶底当柴烧了。就这样，好好的一只桶，现在无影无踪了。"

儿子们有点儿不明白，依旧呆呆地看着父亲。父亲说："行了，我的故事说完了，你们告诉我，这个故事说明了什么？"儿子们你看看我，我看看你，都不明白父亲为什么要讲这样一个故事。

老头儿难过地摇摇头，对儿子说："你们还是年轻，不明白人生的道理。你们给我听好了：生长着大树的森林是我们强大的国家，她是永久的；树林是人民，人民也是永生的。桶是一个家庭，木桶片是我们大家，桶箍则使我们和睦、团结，而酒是快乐。家庭和睦时，我们的生活就幸福。所以，你们要相亲相爱，日子才能越过越好。不要为了一点蝇头小利争斗不休。桶箍松了，木桶散掉了，酒没了，你们就什么都没有了。”

儿子们听到父亲这话，恍然大悟，纷纷向老父亲点头答应道：“爸爸，感谢您的忠告，我们一辈子都不会忘记的。”

dú shū zhì zài shèng xián　fēi tú kē dì

读书志在圣贤，非徒科第；

wéi guān xīn cún jūn guó　qǐ jì shēn jiā

为官心存君国，岂计身家？

【译文】

读圣贤书，目的在向圣贤学习，不仅仅是为了科举考试、谋取功名；做官为吏，要心中存有国家和君主，怎么可以考虑自己和家人呢？

【解读】

世上书籍无数，并非开卷都有益。人生不过几十年光阴，即便皓首也未必能穷经，所以要有选择性地读。古时流传下来的圣贤书是最值得读的，读这些书能够让我们明辨是非，知晓大义。读书是吸取养分、怡情悦性的，并不是功利性的活动，不是为了求取功名，要志存高远，效法圣贤。我们都是社会的一份子，不论是为官还是为民，在什么位置上，就要做什么事，永远心怀家国，不损害集体利益。

shǒu fèn ān mìng　shùn shí tīng tiān

守分安命，顺时听天。

wéi rén ruò cǐ　shù hū jìn yān

为人若此，庶乎近焉。

【译文】

只要我们安守本分，努力工作，顺应时势，上天自有安排。

如果能够这样去做人，那就和圣贤做人的道理差不多接近了。

【解读】

孔子说，乐天知命。孟子说：“穷则独善其身，达则兼善天下。”语言虽不同，但是其精神内核都是一致的，就是要随遇而安，顺势而为，尽人事知天命。

最后一句是对全篇的总结，著作者将圣贤的日常行为归纳为53条，认为如果能够做到上面这53条，那么就接近圣贤了。

【小故事】

安分守己养天年

清朝时，沧州有一名刘老太太，她是康熙三十一年生人，到了乾隆五十七年时，已经是一百零一岁，依然身板硬朗，精神清健，并且饭量还不小。

老太太的高寿让乡里官员很是振奋，他们便将这情况呈报给了乾隆皇帝，乾隆颁布了恩诏，乡里的官员想为她领取粮食布匹，她都坚决辞谢了。

官府又要为她请求旌表，建立碑坊，她死活也不同意。有人问她："乡里给你请来粮食布匹，现在又想为你请求旌表，这不是大好事吗？你为什么拒绝呢？"

老太太正色说："我是一个穷人家的寡妇，天生命薄。正因为我这辈子安分守己，虽然颠沛困苦，决不贪意外之财，才会得到神灵怜悯，所以才能活到这个岁数。要是哪一天我贪图非分之福，那么死期就会来啦。"

这个老太太，终其一生都安守本分，没有为名利挤破头。正因为她顺应天意，无欲无求，所以才能恬然淡泊，才能颐养天年。

如果能够这样做人，那就差不多和圣贤做人的道理相合了。

zhì jiā gé yán sòng dú piān
《治家格言》诵读篇

lí míng jí qǐ sǎ sǎo tíng chú
黎明即起，洒扫庭除，

yào nèi wài zhěng jié
要内外整洁；

jì hūn biàn xī guān suǒ mén hù
既昏便息，关锁门户，

bì qīn zì jiǎn diǎn
必亲自检点。

yì zhōu yí fàn dāng sī lái chù bú yì
一粥一饭，当思来处不易；

bàn sī bàn lǚ héng niàn wù lì wéi jiān
半丝半缕，恒念物力维艰。

yí wèi yǔ ér chóu móu wú lín kě ér jué jǐng
宜未雨而绸缪，毋临渴而掘井。

zì fèng bì xū jiǎn yuē yàn kè qiè wù liú lián
自奉必须俭约，宴客切勿流连。

qì jù zhì ér jié wǎ fǒu shèng jīn yù
器具质而洁，瓦缶胜金玉；

yǐn shí yuē ér jīng yuán shū yù zhēn xiū
饮食约而精，园蔬愈珍馐。

wù yíng huá wū wù móu liáng tián
勿营华屋，勿谋良田。

sān gū liù pó　shí yín dào zhī méi
三姑六婆，实淫盗之媒；

bì měi qiè jiāo　fēi guī fáng zhī fú
婢美妾娇，非闺房之福。

tóng pú wù yòng jùn měi　qī qiè qiè jì yàn zhuāng
童仆勿用俊美，妻妾切忌艳妆。

zǔ zong suī yuǎn　jì sì bù kě bù chéng
祖宗虽远，祭祀不可不诚；

zǐ sūn suī yú　jīng shū bù kě bù dú
子孙虽愚，经书不可不读。

jū shēn wù qī zhì pǔ　jiào zǐ yào yǒu yì fāng
居身务期质朴，教子要有义方。

mò tān yì wài zhī cái　wù yǐn guò liàng zhī jiǔ
莫贪意外之财，勿饮过量之酒。

yǔ jiān tiāo mào yì　wú zhàn pián yi
与肩挑贸易，毋占便宜；

jiàn pín kǔ qīn lín　xū jiā wēn xù
见贫苦亲邻，须加温恤。

kè bó chéng jiā　lǐ wú jiǔ xiǎng
刻薄成家，理无久享；

lún cháng guāi chuǎn　lì jiàn xiāo wáng
伦常乖舛，立见消亡。

xiōng dì shū zhí xū fēn duō rùn guǎ

兄弟叔侄，须分多润寡；

zhǎng yòu nèi wài yí fǎ sù cí yán

长幼内外，宜法肃辞严。

tīng fù yán guāi gǔ ròu qǐ shì zhàng fū

听妇言，乖骨肉，岂是丈夫？

zhòng zī cái bó fù mǔ bù chéng rén zǐ

重资财，薄父母，不成人子。

jià nǚ zé jiā xù wú suǒ zhòng pìn

嫁女择佳婿，毋索重聘；

qǔ xí qiú shū nǚ wù jì hòu lián

娶媳求淑女，勿计厚奁。

jiàn fù guì ér shēng chǎn róng zhě zuì kě chǐ

见富贵而生谄容者，最可耻；

yù pín qióng ér zuò jiāo tài zhě jiàn mò shèn

遇贫穷而作骄态者，贱莫甚。

jū jiā jiè zhēng sòng sòng zé zhōng xiōng

居家戒争讼，讼则终凶；

chǔ shì jiè duō yán yán duō bì shī

处世戒多言，言多必失。

wù shì shì lì ér líng bī gū guǎ

勿恃势力而凌逼孤寡，

wú tān kǒu fù ér zì shā shēng qín
毋贪口腹而恣杀生禽。

guāi pì zì shì huǐ wù bì duō
乖僻自是，悔误必多；

tuí duò zì gān jiā dào nán chéng
颓惰自甘，家道难成。

xiá nì è shào jiǔ bì shòu qí lěi
狎昵恶少，久必受其累；

qū zhì lǎo chéng jí zé kě xiāng yī
屈志老成，急则可相依。

qīng tīng fā yán ān zhī fēi rén zhī zèn sù
轻听发言，安知非人之谮诉？

dāng rěn nài sān sī
当忍耐三思。

yīn shì xiāng zhēng yān zhī fēi wǒ zhī bú shì
因事相争，焉知非我之不是？

xū píng xīn àn xiǎng
需平心暗想。

shī huì wù niàn shòu ēn mò wàng
施惠勿念，受恩莫忘。

fán shì dāng liú yú dì dé yì bù yí zài wǎng
凡事当留余地，得意不宜再往。

rén yǒu xǐ qìng bù kě shēng dù jì xīn
人有喜庆，不可生妒忌心；

rén yǒu huò huàn bù kě shēng xǐ xìng xīn
人有祸患，不可生喜幸心。

shàn yù rén jiàn bú shì zhēn shàn
善欲人见，不是真善；

è kǒng rén zhī biàn shì dà è
恶恐人知，便是大恶。

jiàn sè ér qǐ yín xīn bào zài qī nǚ
见色而起淫心，报在妻女；

nì yuàn ér yòng àn jiàn huò yán zǐ sūn
匿怨而用暗箭，祸延子孙。

jiā mén hé shùn suī yōng sūn bú jì yì yǒu yú huān
家门和顺，虽饔飧不继，亦有余欢；

guó kè zǎo wán jí náng tuó wú yú zì dé zhì lè
国课早完，即囊橐无余，自得至乐。

dú shū zhì zài shèng xián fēi tú kē dì
读书志在圣贤，非徒科第；

wéi guān xīn cún jūn guó qǐ jì shēn jiā
为官心存君国，岂计身家？

shǒu fèn ān mìng shùn shí tīng tiān
守分安命，顺时听天。

wéi rén ruò cǐ　　shù hū jìn yān

为人若此，庶乎近焉。

【解读】

《治家格言》是朱柏庐写给子孙的修身之道，字字珠玑，鞭辟入里。朱柏庐是清代著名理学家和教育家，父亲在守昆城抵御清军时遇难。他上侍奉老母，下抚育弟妹，辗转流离多年，待局势稍定，才返回故乡。

回乡后，朱柏庐教授学生，潜心治学，以程、朱理学为本，提倡知行并进，躬行实践。因为觉得当时的教育方法不实用，他自己编写了数十本教材教授学生。他一生俭朴谨慎、严于律己，注重精神上的追求，不好物质享受。他一生没有出仕，当时许多达官贵族、乡绅豪强纷纷慕名而来，都以结交他为荣，但他都坚守自重。

朱柏庐平生著书几十部，其中流传最广的就是这本《治家格言》，被历代士大夫尊为“治家之经”，清至民国年间为童蒙必读课本之一。

《朱熹家训》讲读篇

zhū xī jiā xùn jiǎng dú piān

jūn zhī suǒ guì zhě rén yě
君之所贵者，仁也。
chén zhī suǒ guì zhě zhōng yě
臣之所贵者，忠也。
fù zhī suǒ guì zhě cí yě
父之所贵者，慈也。
zǐ zhī suǒ guì zhě xiào yě
子之所贵者，孝也。

【译文】

君王所最宝贵的品格是“仁”，仁爱百姓。臣子所最宝贵的品格是“忠”，忠心为国。父亲所最宝贵的品格是“慈”，慈爱子女。儿女所最宝贵的品格是“孝”，孝顺父母。

xiōng zhī suǒ guì zhě yǒu yě
兄之所贵者，友也。

dì zhī suǒ guì zhě gōng yě
弟之所贵者，恭也。

fū zhī suǒ guì zhě hé yě
夫之所贵者，和也。

fù zhī suǒ guì zhě róu yě
妇之所贵者，柔也。

【译文】

兄长所最宝贵的品格是“友”，友爱弟弟。弟弟所最宝贵的品格是“恭”，尊敬兄长。丈夫所最宝贵的品格是“和”，对妻子和睦。妻子所最宝贵的品格是“柔”，对丈夫柔顺。

【小故事】

举案齐眉

东汉时有个叫梁鸿的读书人，家境贫寒，但是他一心向学，始终刻苦攻读，后来学有所成。

梁鸿在上林苑养猪时，曾不小心失火，使邻居受损。他不仅主动以全部的猪作为赔偿，且以作佣工来加以弥补。四邻责备那家遭灾户索赔要求过高，而一致称赞梁鸿。遭灾的邻居也觉得梁鸿品德高尚，便要将原先收受的猪全数奉还。但梁鸿不受而去，回到故乡。之后地方上推举有才有德的人出去做官，大家一致推举梁鸿，但梁鸿对做官没有什么兴趣，依旧在老家过着清贫的日子。

梁鸿那个县里有一个大户人家，姓孟，孟家有个小姐叫孟光，生得皮肤黝黑，体态粗壮，喜爱劳动，力大无比，没有小姐的习气。本来孟家财雄势大，给女儿找个好婆家不在话下，可是孟光的要求可不低。虽然对方不嫌弃她长相不美，身形不够窈窕，但是她却瞧不起那些少爷们没有个男子汉的气魄。所以蹉跎到了三十岁，还没有说上婆家。

孟家人急得没办法，四方托人说亲。家里人又问孟光自己的意思，孟光说，其他人她都瞧不上，要嫁她就得嫁个梁鸿那样有学问有气魄的男子汉。孟光这话被传扬开去，众人都笑话孟家小姐痴心妄想，梁鸿虽然家穷，但也是一表人才的谦谦君子，盛名在外，孟家大小姐好不知羞，居然妄想嫁给梁鸿。

有人就将这事儿当笑话讲给梁鸿听，梁鸿听后却出了神，他觉得这个孟小姐有想法有见识，非比寻常。过了几天，梁鸿便托媒人到孟家上门提亲，孟家自然是欢欢喜喜地答应了。

一般新嫁娘在出嫁前都要准备好绫罗绸缎、珠宝首饰之类的嫁妆，孟光可不一样，她准备的都是布衣、麻鞋、罗筐及织布的工具。大家都觉得很奇怪，孟光却自有主张。

孟光刚嫁到梁鸿家里时，难免会有些新娘子的娇气，穿戴打扮得光彩照人，跟梁鸿家空空的四壁形成鲜明的对照。梁鸿一连七天都没有搭理孟光。孟光十分生气也十分懊恼，等到了第八天，孟光把自己头发挽起来，将身上的首饰钗环都拔下来，把漂亮的绫罗绸缎都换成了普通的布衣布裙，开始辛勤劳作。

梁鸿这才开怀大笑，高兴地说："好啊，这才是我梁鸿的妻子呢！"

两人婚后，一开始住在深山里，后来迁居到东吴一带。夫妻两人一同劳动，男主外，女主内，互相帮忙，相敬如宾。

梁鸿每天在外面干完活儿回到家里，孟光已经把家里都收拾得干干净净，饭菜都准备齐全，摆在托盘里。等梁鸿收拾停当，孟光就双手捧着托盘，举得高高的，一直举到自己眉毛那么高，恭恭敬敬地送到梁鸿面前去，梁鸿也就高高兴兴地接过来，两人这才愉快地开始用饭。

他们两人的事情被传为佳话，后世人便用"举案齐眉"来表示夫妇相敬如宾、和睦融洽。

shì shī zhǎng guì hū lǐ yě

事师长贵乎礼也，

jiāo péng you guì hū xìn yě

交朋友贵乎信也。

jiàn lǎo zhě jìng zhī jiàn yòu zhě ài zhī

见老者，敬之；见幼者，爱之。

yǒu dé zhě nián suī xià yú wǒ wǒ bì zūn zhī

有德者，年虽下于我，我必尊之；

bú xiào zhě nián suī gāo yú wǒ wǒ bì yuǎn zhī

不肖者，年虽高于我，我必远之。

【译文】

与师长相处，最重要的是合乎礼；

与朋友相交，最重要的是讲信用。

见到年长者，要敬重他；见到年幼者，要爱护他。

德行高尚者，虽然年纪比我小，我也一定要尊敬他；德行低下者，哪怕年纪比我大，我也要疏远他。

【小故事】

割席断交

交朋友一定要重人品，遇到真诚、守信、人品端正的人才能结交。古人说：“君子之交，其淡如水。”也就是说，真正的朋友，是重视情谊而不是利益的。结交朋友要讲究志趣相投、品行端方。

东汉末年有两个读书人，管宁和华歆，两人是同窗好友，平素关系十分好，起居坐卧都在一处。

一次，管宁和华歆一起在菜园子里锄草松土，突然间，管宁的锄头咯噔一下，碰到了什么硬东西，原来是一块金子。管宁像对待瓦砾石子一般，面色丝毫未变，还是挥动锄头锄地。华歆走过来，将那块金子捡起来扔到了一边。

有一天，两人坐在草席上读书。有人驾着车马从门前经过，吵吵嚷嚷的，十分喧闹。管宁一无所觉，还是埋头读书。而华歆却扔下书本，跑出去观望，看到底出了什么事。

这时候，只见管宁拿出一把刀来，将草席割开，与华歆一人一半。华歆看到这一幕，愣了。管宁说：“我们志向不同，你已经不是我的朋友了。”

shèn wù tán rén zhī duǎn qiè mò jīn jǐ zhī cháng

慎勿谈人之短，切莫矜己之长。

【译文】

千万小心慎重不要谈论他人的缺点或过错，也一定不要总是矜夸自己的长处。

【解读】

尺有所短，寸有所长，这世界上的每一个人都不是完美的人，都是既有优点和长处，又有缺点和短处的。我们不要将眼光放在他人的短处上面，揪住人家的缺点不放，而是应该多看看别人的长处，虚心学习，这样才能有所进步。自己有了一点儿长处，也不要总是自我夸耀，如同你不喜欢别人的自夸一样，别人也受不了你的自夸。孔子说：“三人行，必有我师焉，择其善者而从之，其不善者而改之。”每个人都不是一无是处的，都有值得我们学习和借鉴的地方。我们应该多多向他人学习，改正自己的缺点和不足，一日改进一点，积年累月，必将追上圣贤的脚步。

【小故事】

杨修之死

三国时候的杨修是太尉杨彪的儿子，从小就以才思过人而出名，后来担任了曹操的主簿。杨修学问渊博，极聪慧，当时军国事务很多都由他来处理，深合曹操的心意。可是杨修才气外露，却不知修养德行，不懂谨言慎行的道理，屡次触怒威权，最终被曹操砍了脑袋。

有一次，曹操出行，杨修紧随其后。两人策马经过曹娥碑，看见碑的背面写着“黄绢幼妇，外孙齑臼”八个字。曹操就问杨修是否知道碑文的意思，杨修回答说知道。曹操让杨修先不要讲，自己先好好琢磨一下。走了三十里路，曹操才说：“我想出来了。”于是提笔写下自己的理解，也让杨修把自己的理解写出来。杨修写道：“黄绢，是有颜色的丝，色丝合起来是一个‘绝’字；幼妇，是少女的意思，少女合起来就是‘妙’字；外孙，是女儿的儿子，女子合起来是一个‘好’字；臼，是承受辛苦的事。受辛合起来就是‘辞’（辤）字：这就是‘绝妙好辞’。”曹操感叹道：“我的才力赶不上你，竟然多想了三十里。”

当时曹操差人建造了一座花园，建成之日，曹操前去查验，取笔在门上写一个“活”字。周围人面面相觑，不解其意。杨修得知此事，毫不犹豫地说：“门内添活字，乃阔字也。丞相嫌门阔耳。”于是，相关人员便再筑围墙，改造妥当，然后请曹操前来观看。这一次的改建十分合心意，曹操很高兴，就问左右，是谁知晓了他的用意，左右都说是杨主簿。曹操虽然嘴上赞扬，但在心里对杨修存了一分忌讳之心。

一次，有人送给曹操一杯奶酪，曹操吃了一点，就在杯盖上写了一个“合”字

给大家看，可是众人都不解其意。杯子传到杨修那里，杨修便舀起来一口吃了，说："曹公叫我们每人吃一口啊，还有什么好犹豫的?"

曹操生性多疑，总担心被别人暗杀，常吩咐侍卫说："我梦中好杀人，所以我睡觉时你们都不要靠近。"一天中午，曹操午睡时将被子掉在地上，侍卫慌忙走过去拾起被子给他盖上。曹操立刻跳起来拔剑而出，杀了这个侍卫，然后翻身上床继续入睡。

等到午睡醒来，曹操看见床前的尸体，装出吃惊的样子追问："谁杀了我的侍卫?"左右告诉他实情，他还装作痛哭一场，命人厚葬。之后，其他人都认为曹操是梦游杀人。只有杨修道破真相："不是丞相在梦中，而是我们在梦中。"曹操听后暗自心惊，更加嫉恨杨修了。

后来刘备亲率大军攻打汉中，曹操率军迎战，两军对垒汉水。曹操这边不习水性，况且屯兵太久，进退维谷。正烦忧间，厨师端来一碗鸡汤，鸡翅正好对着曹操。这时夏侯惇入帐禀请夜间号令，曹操便随口说了句："鸡肋!"夏侯惇于是将号令传了下去。

杨修听闻此号令便叫亲随收拾行装，准备回程。夏侯惇一向信服杨修，所以军中诸将和兵士纷纷打点行装，准备班师回朝。曹操得知此事，勃然大怒，觉得杨修实在是自己肚子里的蛔虫，不可留。于是他怒斥杨修造谣惑众，扰乱军心，以此为借口把他杀了。杨修死时不过三十四岁。

chóu zhě yǐ yì jiě zhī yuàn zhě yǐ zhí bào zhī

仇者以义解之，怨者以直报之，

suí yù ér ān zhī

随遇而安之。

【译文】

对有仇隙的人，要用道理来化解仇隙；对那些怨恨自己的人，要用坦诚正直的态度来对待。不论是得意或是失意，都要能顺应环境，以平和的心态对待。

【解读】

我们每一个人都是社会人，都免不了与他人打交道，也免不了与他人出现矛盾。当出现矛盾和冲突时，一定要想办法解决。对于那些仇恨自己的人要用情谊来化解它，怨恨自己的人要用诚心去回报，用平静的心态、平和的方式去化解矛盾。以仇报仇、以怨还怨只会使事态向着更加糟糕的方向发展，不能解决任何问题。所以，我们无论在什么环境下和与人发生不愉快的事时，都要“随遇而安之”，不能因为一点小事就耿耿于怀，睚眦必报。我们挥一拳头出去，对方再一拳头打过来，其结果只能是两败俱伤。不如各退一步，笑看庭前花开花落。

rén yǒu xiǎo guò　hán róng ér rěn zhī
人有小过，含容而忍之；
rén yǒu dà guò　yǐ lǐ ér yù zhī
人有大过，以理而谕之。

【注释】

对待别人的小过失，要能够容忍谅解包容他；若他人犯了大错误，则要用道理去劝导帮助他，让他明白。

【解读】

古人说："人非圣贤，孰能无过？过而能改，善莫大焉。"我们要学会包容和理解，对别人的小过错尽量用宽容的态度来对待。如果别人有大的错误，那还是要想办法使对方改正，不可任由他往错误的深渊滑去。纠正别人的错误要讲究方式方法和态度，尽量做到以理服人，用道理使对方明白错误的地方，积极改正。

【小故事】

宰相肚里能撑船

蒋琬是东汉末年零陵湘乡人，少年好学，聪明过人，器宇轩昂，仪态不俗。刘备定蜀后，蒋琬被任命为广都县令。刘备和诸葛亮等人出巡到广都，发现蒋琬不理政务，而且沉醉不醒。刘备勃然大怒，要将蒋琬加罪处死，诸葛亮劝说蒋琬是社稷之才，这才免去死罪，但是也被革了职。

后来在诸葛亮的再三劝说下，刘备终于再次起用蒋琬。诸葛亮十分看重蒋琬，悉心栽培他，将他当成接班人来培养。220 年，曹丕篡汉称帝，国号“魏”，史称曹魏，开启了三国时代。此后，魏蜀吴三国各盘踞一方，相持不下。223 年，刘备病逝，刘禅继位。诸葛亮为了不负刘备所托，夜以继日、辛劳筹划，为了蜀国鞠躬尽瘁，后来病逝于五丈原，临死前密表刘禅任用蒋琬继任丞相。

蒋琬虽然才能不及诸葛亮，但是他宽宏大度，公平谨慎，有常人所没有的肚量。因此在他为相期间，蜀国基本上没有人事上的重大矛盾和纷争，保证了上下同心，和谐安定。

东曹掾杨戏素来沉默寡言，同人交流较少，更不用提闲谈了。蒋琬同他说话时，他经常一言不发，不作回答。蒋琬自己不以为意，可是有人就看不过去了，对蒋琬说：“杨戏这人太自大狂妄、目中无人，他眼里就没有丞相您。”蒋琬严肃地回答：“人心不同，各如其面，当面顺从而背后非议，这是古人所不为的。杨戏心中不认同我的说法，所以不肯称赞我，但是如果要反驳我，又证明了我所说的都是错的，会让我下不来台。他左右为难，所以只好沉默不语。而这正好说明了他为人坦诚。”

蒋琬对杨戏始终信任有加，没有丝毫猜忌和成见。

督农杨敏对蒋琬十分不满，在背地里批评他说："做事没有把握，比起前任诸葛先生来，实在差得太远了。"有人就向蒋琬打小报告，说杨敏这样是大不敬，请求治他的罪。蒋琬却很坦然地表示："我的确比不上诸葛先生，这是事实，我做起事来没他那么有把握也是事实。"

后来杨敏犯了事，大家都为他捏着一把汗，他先前这样贬低丞相，这次肯定死定了。但是蒋琬经过仔细考量，却免掉了他的重罪，只对他处以轻刑。因此，大家都说蒋琬是"宰相肚里能撑船"。

蒋琬在任时，沿用诸葛亮的成规，以静治国，注意选拔人才，用人之长，兼之气量宽宏，心存大局，因此使蜀汉在失去了诸葛亮之后维持了稳定的政治局面。至于后来北伐魏国，他审时度势，积极进取，所作所为基本符合天下大势和蜀汉国情。

wù yǐ shàn xiǎo ér bù wéi　wù yǐ è xiǎo ér wéi zhī
勿以善小而不为，勿以恶小而为之。
rén yǒu è　zé yǎn zhī　rén yǒu shàn　zé yáng zhī
人有恶，则掩之；人有善，则扬之。

【译文】

不要因为是件较小的坏事就去做，不要因为是件较小的善事就不去做。

他人做了坏事，要想办法帮助掩盖，好让他不丢面子，又能改正；他人做了好事，要尽力宣扬加以鼓励，使人仿效。

【解读】

这两句话从律己和待人两方面阐释了朱熹对善恶的看法。朱熹认为，善恶不能并存，不要以为自己曾经做过善事而忽视小恶，就不拘小节。小恶不除，往往会变成大恶，到最后无法控制。我们必须从小节做起，注意日常生活的一点一滴，努力修养，才能达到高风亮节。对待别人则要更加宽和，看见他人作恶，要想办法抑制，看见他人行善，则要想办法宣扬赞美。所谓“严于律己，宽以待人”，就是如此。

chǔ shì wú sī chóu zhì jiā wú sī fǎ

处世无私仇，治家无私法。

【译文】

为人处世不要结下私仇，治理家事不能自立私法。

【解读】

为人处世是历代先贤们提及较多的一个话题，我们都是社会人，不能离开社会而存在，所以与他人的交往，即处世就成为无法回避的问题。孔子提出“仁、义、礼”，孟子延伸为“仁、义、礼、智”，董仲舒扩充为“仁、义、礼、智、信”，至此，儒家“五常”形成，成为人们立身行事的准则。

朱熹一直身体力行“五常”准则，又提出实际生活中，我们要无私、宽容，不要跟任何人结下私仇。在治家时，也要严格按照家庭公开的规矩来处理，不要明面一套，私下里又一套，这样家庭肯定会混乱失序。当然，家庭的规矩一定要建立在国家法令制度所允许的范围内，这是前提。在外无私，在家也无私，这样才能做到问心无愧。

【小故事】

外举不避仇，内举不避亲

祁黄羊是春秋时的晋国人，是四朝元老，他公忠体国，急公好义，誉满朝野，深受人们爱戴。当时晋国的军事力量比较强大，晋国国君悼公决定由祁黄羊担任中军尉，负责统领驾驭战车的士兵。祁黄羊不辱使命，将士兵统领得非常好。

几年后，祁黄羊觉得自己年事已高，决定告老退休，请求晋悼公准许他辞职。

悼公说："中军尉职责重大，你在军中多年，心目中一定有合适的人选。你觉得谁能替代你呢?"

祁黄羊想了很久，郑重地说："我觉得解狐不错。"

悼公深感意外，说："解狐不是你的的仇人吗？你怎么会举荐他呢?"

"主公问我谁可以担此重任，并没有问他是不是我的仇人哪!"

"好吧，我相信你，就照你的意见办!"

悼公立即派使者去召解狐，没想到解狐大病在身，卧床不起，不久就去世了。悼公只好让祁黄羊再举荐一位能接替他的人。

祁黄羊这一次郑重地推荐了祁午。

悼公十分惊讶："祁午不是你的儿子吗？你举荐他，难道不怕人家说你偏心眼儿?"

"主公让我推荐能替代我的人，事关国家安危，我不能不慎重。我只是想，朝中的人哪个有军事才能，可以担此重任，我压根儿就没去想他是不是我的仇人或亲人。"

悼公于是决定由祁午继任中军尉。

当时的人都很钦佩祁黄羊，说他外举不避仇，内举不避亲，做事如此出以公心，实在是难得。

wù sǔn rén ér lì jǐ　　wù dù xián ér jí néng

勿损人而利己，勿妒贤而嫉能。

wù chēng fèn ér bào hèng nì　　wù fēi lǐ ér hài wù mìng

勿称忿而报横逆，勿非礼而害物命。

【译文】

不要做损人利己的事情，不要嫉妒贤才、嫉恨有能力的人。

遇到令人气愤的事情，不要逞气报复，图一时之快，不要违背正常的行为规范而去伤害别的生命。

【解读】

这些“勿”都是告诫我们不要重犯一般人常犯的过错。损人利己，嫉贤妒能都是君子所不齿的作为。君子取利需取之有道，前提是不损害别人的利益。损人利己，虽然目前看来似乎是自己得利了，但是这利益建立在伤害他人的基础之上，这些利益最终还是会失去的，甚至会失去更多。

见到贤能的人，我们要努力向他们学习，努力提升、完善自己。嫉贤妒能是一种以压制别人来保全自己的卑劣做法。有些人心胸狭窄，容不得别人比自己强，于是挖空心思毁坏别人的声誉，甚至是人身攻击，希望能保全自己的利益不受损害。嫉贤妒能无法使自己的才干增长一分，反倒让自己陷入负面的情绪里，阻碍自己的修为。

遇上气愤不平的事情，也不要一时冲动、热血上头，作意气之争。否则，事后肯定会招来祸患，后悔不迭。社会有其正常的行为规范，我们不要违反规范去做伤天害理的事情。古人常说，“忍一时风平浪静，退一步海阔天空”，我们切不可在情绪过分激动的时候做任何决定、做出任何让自己后悔的事情。

jiàn bú yì zhī cái wù qǔ　yù hé lǐ zhī shì zé cóng

见不义之财勿取，遇合理之事则从。

【译文】

见到不义之财不要拿，遇到合理的事情要随从。

【解读】

君子爱财取之有道，人在社会上生存离不开钱财，但不义之财绝对不可取。如果用不正当的手段夺取不义之财，虽然暂时好像有所获，但是这钱财得来容易，去得也快。一旦这眼前的福享受完了，恶报很快就会显现。

我们生活在一个变化的世界，不论自然界还是人类社会，无时无刻不在变化中。我们要懂得变通，不能被教条规定所束缚。事情如果合理，即便是没有先例，我们也应该遵从。

【小故事】

不义之财不可取

元代有个叫曹鉴的官员，为官三十年，一直做到礼部尚书，他一生清正廉洁，从不取一分一毫的不义之财。

他在担任湖广员外郎时，曾在麻阳县做主簿的老朋友顾渊白，托人给他带来一个包，还附有书信。曹鉴很是纳闷，因为调任之后，他同顾渊白就没什么联系了，不知道顾渊白为何突然捎个包袱过来。顾渊白在信中说，听说曹鉴患有失眠、心慌疾症，特捎上一点本地出产的朱砂，请老友不妨试用。曹鉴想到老友记挂着自己，心中甚是感激。再加上他的病已经痊愈，所以就将药包原封不动地珍藏起来。

半年后，曹鉴的另一位朋友来访，交谈中得知这位朋友患有心脏病。曹鉴想起了顾渊白送的朱砂，便打算转送给朋友。等回家打开包袱，他吃了一惊：包袱里除了朱砂药包之外，还有黄金3两。他这才明白，当初顾渊白的本意，是想利用自己这员外郎掌管湖广省官吏升迁任免的职权，谋求个官职。

曹鉴对着黄金不住摇头叹息。儿子看到他这样便说："顾伯父上个月已经去世，这事没人知道，就留下算了。"曹鉴瞪了儿子一眼，说："虽无人知晓，但东西不是正路来的，岂可贪心！"

曹鉴的儿子经父亲一番教训，深受教育，于是按照父亲的嘱咐，亲自前往顾家，请来了顾渊白的儿子。曹鉴热情接待，并置酒席款待。饭后，曹鉴告诉顾渊白的儿子说，他的父亲有3两黄金存放在这里，请他拿回家好生安置。顾渊白的儿子信以为真，收下黄金，拜谢回去了。

shī shū bù kě bù dú　lǐ yí bù kě bù zhī
诗书不可不读，礼仪不可不知。
zǐ sūn bù kě bú jiào　tóng pú bù kě bú xù
子孙不可不教，童仆不可不恤。
sī wén bù kě bú jìng　huàn nàn bù kě bù fú
斯文不可不敬，患难不可不扶。

【译文】

不可不勤读诗书，不可不懂得礼义。

子孙一定要教育，童仆一定要怜恤。

一定要尊敬有德行有学识的人，一定要帮扶救助有困难的人。

shǒu wǒ zhī fèn zhě lǐ yě
守我之分者，礼也。
tīng wǒ zhī mìng zhě tiān yě
听我之命者，天也。
rén néng rú shì tiān bì xiàng zhī
人能如是，天必相之。

【译文】

安守我的本分，就是符合“礼”的做法。

听从天地万物赋予我的使命，就是顺应天命的做法。

如果人能够做到这些，上天就一定会帮助他。

cǐ nǎi rì yòng cháng xíng zhī dào

此乃日用常行之道，

ruò yī fu zhī yú shēn tǐ

若衣服之于身体，

yǐn shí zhī yú kǒu fù

饮食之于口腹，

bù kě yí rì wú yě kě bú shèn zāi

不可一日无也，可不慎哉！

【译文】

这些都是日常行为应该懂得并遵循的规范，就像衣服对于身体、食物对于口腹来说一样重要，任何一天都不能离开，能不谨慎遵守吗？

zhū xī jiā xùn sòng dú piān
《朱熹家训》诵读篇

jūn zhī suǒ guì zhě rén yě
君之所贵者，仁也。

chén zhī suǒ guì zhě zhōng yě
臣之所贵者，忠也。

fù zhī suǒ guì zhě cí yě
父之所贵者，慈也。

zǐ zhī suǒ guì zhě xiào yě
子之所贵者，孝也。

xiōng zhī suǒ guì zhě yǒu yě
兄之所贵者，友也。

dì zhī suǒ guì zhě gōng yě
弟之所贵者，恭也。

fū zhī suǒ guì zhě hé yě
夫之所贵者，和也。

fù zhī suǒ guì zhě róu yě
妇之所贵者，柔也。

shì shī zhǎng guì hū lǐ yě
事师长贵乎礼也，

jiāo péng you guì hū xìn yě
交朋友贵乎信也。

jiàn lǎo zhě jìng zhī jiàn yòu zhě ài zhī
见老者，敬之；见幼者，爱之。

yǒu dé zhě nián suī xià yú wǒ wǒ bì zūn zhī

有德者，年虽下于我，我必尊之；

bú xiào zhě nián suī gāo yú wǒ wǒ bì yuǎn zhī

不肖者，年虽高于我，我必远之。

shèn wù tán rén zhī duǎn qiè mò jīn jǐ zhī cháng

慎勿谈人之短，切莫矜己之长。

chóu zhě yǐ yì jiě zhī yuàn zhě yǐ zhí bào zhī

仇者以义解之，怨者以直报之，

suí yù ér ān zhī

随遇而安之。

rén yǒu xiǎo guò hán róng ér rěn zhī

人有小过，含容而忍之；

rén yǒu dà guò yǐ lǐ ér yù zhī

人有大过，以理而谕之。

wù yǐ shàn xiǎo ér bù wéi wù yǐ è xiǎo ér wéi zhī

勿以善小而不为，勿以恶小而为之。

rén yǒu è zé yǎn zhī rén yǒu shàn zé yáng zhī

人有恶，则掩之；人有善，则扬之。

chǔ shì wú sī chóu zhì jiā wú sī fǎ

处世无私仇，治家无私法。

wù sǔn rén ér lì jǐ wù dù xián ér jí néng

勿损人而利己，勿妒贤而嫉能。

wù chēng fèn ér bào hèng nì wù fēi lǐ ér hài wù mìng
勿称忿而报横逆，勿非礼而害物命。

jiàn bú yì zhī cái wù qǔ yù hé lǐ zhī shì zé cóng
见不义之财勿取，遇合理之事则从。

shī shū bù kě bù dú lǐ yí bù kě bù zhī
诗书不可不读，礼仪不可不知。

zǐ sūn bù kě bú jiào tóng pú bù kě bú xù
子孙不可不教，童仆不可不恤。

sī wén bù kě bú jìng huàn nàn bù kě bù fú
斯文不可不敬，患难不可不扶。

shǒu wǒ zhī fèn zhě lǐ yě
守我之分者，礼也。

tīng wǒ zhī mìng zhě tiān yě
听我之命者，天也。

rén néng rú shì tiān bì xiàng zhī
人能如是，天必相之。

cǐ nǎi rì yòng cháng xíng zhī dào
此乃日用常行之道，

ruò yī fu zhī yú shēn tǐ
若衣服之于身体，

yǐn shí zhī yú kǒu fù
饮食之于口腹，

bù kě yí rì wú yě kě bú shèn zāi

不可一日无也，可不慎哉！

【解读】

《朱熹家训》是朱熹治家、做人思想的浓缩，不过寥寥几百字，却将朱熹关于做人的基本准则阐释得淋漓尽致。

文章一开始从“慈、教、孝、友、恭、和、柔”诸方面对父子、兄弟、夫妻之间伦理道德关系做了重要论述，子女对父母要孝顺，夫妻之间要和睦，兄弟之间要友爱。我们身处家庭之中，应该承担相应的道德责任和相关的角色义务，家庭众人要彼此关怀、和睦亲爱。

接下来阐述人际交往原则。在人际交往过程中，要坚持从自己做起，从我做起，做到谨慎、谦逊、平和、宽容，善待他人，这样才能与人和谐相处。

除了这两方面，朱熹还特别强调重德修身。德如“衣服之于身体，饮食之于口腹，不可一日无也，不可不慎哉”。修德要注意祛除恶念，守持善念，日日修行，读诗书知礼义。

《朱熹家训》为后世人提供了精神指南，家庭亲睦、人际和谐、重德修身是人立身行事的三个方面，如果能做到这些，一生就无什么过错了。